沙尘天气年鉴

(2012年)

中国气象局　编

SAND-DUST WEATHER ALMANAC 2012

U0284410

气象出版社
China Meteorological Press

图书在版编目(CIP)数据

沙尘天气年鉴. 2012年 / 中国气象局编. 一北京：
气象出版社，2014.6
ISBN 978-7-5029-5939-5

Ⅰ.①沙... Ⅱ.①中... Ⅲ.①沙尘暴－中国－2012－
年鉴 Ⅳ.①P425.5-54

中国版本图书馆CIP数据核字(2014)第099013号

气象出版社 出版
(北京市海淀区中关村南大街46号 邮编：100081)
总编室：010-68407112 发行部：010-68409198
网址：http://www.cmp.cma.gov.cn E-mail:qxcbs@cma.gov.cn
责任编辑：陈 红 终审：汪勤模
装帧设计：博雅思企划 责任校对：石 仁
*
北京地大天成印务有限公司印刷
气象出版社 发行
*
开本：787×1092 1/16 印张：4.5 字数：106千字
2014年6月第1版 2014年6月第1次印刷
定价：35.00元

《沙尘天气年鉴》（2012 年）编写人员

主　　　　编：魏　丽

副　　主　　编：宗志平　张亚妮

编　写　人　员：

国家气象中心：吴　英　桂海林　林玉成　赵　瑞
　　　　　　　　吕终亮　周　军　韩燕革　安林昌

国家气候中心：杨明珠　钟海玲　艾鸹秀

国家卫星气象中心：陆文杰　李　云　刘清华

北京市气象局：陈大刚　舒文军　张英娟

前　言

　　沙尘天气是风将地面尘土、沙粒卷入空中，使空气混浊的一种天气现象的统称，是影响我国北方地区的主要灾害性天气之一。强沙尘天气的发生往往给当地人民的生命财产造成巨大损失。

　　近年来，随着社会、经济的发展，沙尘天气给国民经济、生态环境和社会活动等诸多方面造成的灾害性影响越来越受到社会各界和国际上的关注。我国对沙尘天气也越来越重视，监测手段的逐渐增多以及沙尘天气研究工作取得的进展，使沙尘天气的预报水平不断地提高，为防御和减轻沙尘天气造成的损失做出了重要贡献。

　　为了适应沙尘天气科学研究的需要，也为各级气象台站气象业务技术人员提供更充分的沙尘天气信息，更好地掌握沙尘天气活动规律，提高预报准确率，国家气象中心组织整编了《沙尘天气年鉴》（2012 年）。年鉴中有关资料承蒙全国各有关省、自治区、直辖市气象局的大力协作和支持，使编写工作得以顺利完成。

　　《沙尘天气年鉴》（2012 年）的内容包括对 2012 年沙尘天气过程概况的描述和沙尘天气产生的气象条件的分析，全年和逐月沙尘天气时空分布及主要沙尘天气过程相关图表等。

FOREWORD

Sand-dust weather is the phenomenon that wind blows dust and sand from ground into the air and makes it turbid. It's one of the main disastrous weather phenomena influencing northern areas of our country. Great casualties of people's lives and properties occur in these areas because of severe sand-dust weather.

In recent years, with the development of society and economy, the disastrous influence of sand-dust weather on national economy, ecology and social life has become a hot issue in China, even in the world. With more and more attention to sand-dust weather and gradual increment of monitoring ways, the sand-dust weather research has been made and forecast level for this kind of weather has been improved, which contributes a lot to loss mitigation and sand-dust weather prevention.

In order to meet the requirements of sandstorm research, provide more sufficient sand-dust weather information for weather forecasters, National Meteorological Center compiled this "Sand-dust Weather Almanac 2012". The volume of almanac not only assists us by obtaining further knowledge on the behavior of sandstorm and improving forecast accuracy but provides better service for prevention of sandstorm as well. Thanks for the contribution of sand-dust data from relevant meteorological sections. We own the success of this compilation to the great support of all the meteorological observatories and stations country-wide.

"Sand-dust Weather Almanac 2012" covers the annual general situation and meteorological background of sand-dust weather, annual and monthly temporal and spatial distribution charts of different types of sand-dust weather, as well as some charts and tables of main sand-dust weather cases in 2012.

说 明

一、沙尘天气及沙尘天气过程的定义

本年鉴有关沙尘天气及沙尘天气过程的定义执行国家标准 GB/T 20480－2006《沙尘暴天气等级》。

沙尘天气分为浮尘、扬沙、沙尘暴、强沙尘暴和特强沙尘暴五类。

1. 浮尘：当天气条件为无风或平均风速≤3.0 m/s 时，尘沙浮游在空中，使水平能见度小于 10 km 的天气现象。
2. 扬沙：风将地面尘沙吹起，使空气相当混浊，水平能见度在 1～10 km 以内的天气现象。
3. 沙尘暴：强风将地面尘沙吹起，使空气很混浊，水平能见度小于 1 km 的天气现象。
4. 强沙尘暴：大风将地面尘沙吹起，使空气非常混浊，水平能见度小于 500 m 的天气现象。
5. 特强沙尘暴：狂风将地面尘沙吹起，使空气特别混浊，水平能见度小于 50 m 的天气现象。

沙尘天气过程分为五类：浮尘天气过程、扬沙天气过程、沙尘暴天气过程、强沙尘暴天气过程和特强沙尘暴天气过程。

1. 浮尘天气过程：在同一次天气过程中，相邻 5 个或 5 个以上国家基本（准）站在同一观测时次出现了浮尘的沙尘天气。
2. 扬沙天气过程：在同一次天气过程中，相邻 5 个或 5 个以上国家基本（准）站在同一观测时次出现了扬沙或更强的沙尘天气。
3. 沙尘暴天气过程：在同一次天气过程中，相邻 3 个或 3 个以上国家基本（准）站在同一观测时次出现了沙尘暴或更强的沙尘天气。
4. 强沙尘暴天气过程：在同一次天气过程中，相邻 3 个或 3 个以上国家基本（准）站在同一观测时次成片出现了强沙尘暴或特强沙尘暴天气。
5. 特强沙尘暴天气过程：在同一次天气过程中，相邻 3 个或 3 个以上国家基本（准）站在同一观测时次出现了特强沙尘暴的沙尘天气。

为了同往年《沙尘天气年鉴》统一，依照中国气象局《沙尘天气预警业务服务暂行规定（修订)》(气发 [2003] 12 号），本年鉴只统计和分析浮尘、扬沙、沙尘暴和强沙尘暴四类以及浮尘天气过程、扬沙天气过程、沙尘暴天气过程和强沙尘暴天气过程四类。

二、资料与统计方法

2012 年沙尘天气日数和站数、沙尘天气过程和强度等是逐日 8 个时次（时界：北京时 00 时）地面观测资料的统计结果。

具体统计方法如下：

1. 对测站沙尘日、扬沙日、沙尘暴日、强沙尘暴日的规定：

（1）某测站一日8个时次只要有一个时次出现沙尘天气，则该站记有一个沙尘日；

（2）某测站一日8个时次只要有一个时次出现了扬沙、沙尘暴或强沙尘暴，记有一个扬沙日；

（3）某测站一日8个时次只要有一个时次出现沙尘暴或强沙尘暴，记有一个沙尘暴日；

（4）某测站一日8个时次只要有一个时次出现强沙尘暴，记有一个强沙尘暴日。

2．对某一天沙尘天气、扬沙、沙尘暴、强沙尘暴站数的规定：

（1）某一天出现沙尘天气站数的总和为该日的沙尘天气站数；

（2）某一天出现扬沙、沙尘暴及强沙尘暴站数的总和为该日的扬沙站数；

（3）某一天出现沙尘暴及强沙尘暴站数的总和为该日的沙尘暴站数；

（4）某一天出现强沙尘暴站数的总和为该日的强沙尘暴站数。

3．对某一统计时段内沙尘天气总站日数的规定：

（1）统计时段内逐日沙尘天气站数的总和为该时段的沙尘天气总站日数；

（2）统计时段内逐日扬沙站数的总和为该时段的扬沙总站日数；

（3）统计时段内逐日沙尘暴站数的总和为该时段的沙尘暴总站日数；

（4）统计时段内逐日强沙尘暴站数的总和为该时段强沙尘暴总站日数。

三、沙尘天气过程编号标准

国家气象中心对每年移入或发生在我国范围内的扬沙、沙尘暴、强沙尘暴天气过程按照其出现的先后次序进行编号，编号用6位数码，前四位数码表示年份，后两位数码表示出现的先后次序。例如：2012年出现的第6次沙尘天气过程应编为"201206"。

四、沙尘天气过程纪要表内容

沙尘天气过程纪要表包括该年出现的所有扬沙、沙尘暴和强沙尘暴天气过程，其相关内容包括：沙尘天气过程编号、起止时间、过程类型、主要影响系统、扬沙和沙尘暴影响范围和风力。其中主要影响系统是指引起沙尘天气的地面天气尺度的天气系统，主要包括冷锋、气旋、低气压。冷锋是冷气团占主导地位推动暖气团移动的冷、暖空气过渡带，锋后常伴有大风。蒙古气旋产生于蒙古国或我国内蒙古，它由两到三种冷、暖气团交汇而成，通常从气旋中心往外有冷锋、暖锋或锢囚锋生成，气旋发展强烈时常出现大风。低气压是指中心气压低于四周并具有闭合等压线的天气系统。

五、年及各月沙尘天气日数分布图

年及各月沙尘天气日数分布图包括年及各月沙尘天气出现日数分布图、扬沙天气出现日数分布图、沙尘暴天气出现日数分布图和强沙尘暴天气出现日数分布图。

六、沙尘天气过程图表

沙尘天气过程图表包括沙尘天气过程描述表、沙尘天气范围图、500hPa环流形势图、地面天气形势图及气象卫星监测图像等。沙尘天气过程描述表中的最大风速是从该次沙尘天气过程中所有出现沙尘天气站点的定时观测中统计出来的最大风速。500hPa环流形势图、地面天气形势图的选用原则是能充分反映造成该次沙尘天气过程的环流形势及影响系统，图中 G（D）表示高（低）气压中心，L（N）表示冷（暖）空气中心。

七、沙尘天气路径划分标准

沙尘天气路径分为偏北路径型、偏西路径型、西北路径型、南疆盆地型和局地型五类。

1. 偏北路径型：沙尘天气起源于蒙古国或我国东北地区西部，受偏北气流引导，沙尘主体自北向南移动，主要影响西北地区东部、华北大部和东北地区南部，有时还会影响到黄淮等地；

2. 偏西路径型：沙尘天气起源于蒙古国、我国内蒙古西部或新疆南部，受偏西气流引导，沙尘主体向偏东方向移动，主要影响我国西北、华北，有时还影响到东北地区西部和南部；

3. 西北路径型：沙尘天气一般起源于蒙古国或我国内蒙古西部，受西北气流引导，沙尘主体自西北向东南方向移动，或先向东南方向移动，而后随气旋收缩北上转向东北方向移动，主要影响我国西北和华北，甚至还会影响到黄淮、江淮等地；

4. 南疆盆地型：沙尘天气起源于新疆南部，并主要影响该地区；

5. 局地型：局部地区有沙尘天气出现，但沙尘主体没有明显的移动。

目　录

1　2012 年沙尘天气概况

1.1　沙尘天气过程

　　2012 年全年我国共出现了 10 次沙尘天气过程，其中扬沙天气过程 5 次、沙尘暴天气过程 3 次，强沙尘暴天气过程 2 次。10 次沙尘天气过程中西北路径型出现 4 次，偏西路径型出现 3 次，偏北路径型出现 1 次，其余 2 次为局地型。首次发生的沙尘天气过程为 2012 年 3 月 20－22 日的扬沙天气过程，末次是 11 月 27 日扬沙天气过程。2012 年影响范围最大的过程是 4 月 26－28 日的沙尘暴天气过程，沙尘天气袭击了西北地区、内蒙古中西部和东南部、华北、东北地区等地。强度最强的过程是 4 月 18－19 日的强沙尘暴天气过程，沙尘暴和强沙尘暴主要出现在内蒙古中部，且以强沙尘暴天气为主，内蒙古中部共有 6 个测站出现了强沙尘暴。

1.2　沙尘天气日数

　　2012 年我国西北地区、内蒙古、华北和东北的大部分地区以及黄淮、江淮、西藏等地的部分地区出现了沙尘天气（图 1.1）。有两个沙尘天气出现日数超过 10 天的多发区，一个位于南疆盆地，沙尘天气日数达 50～100 天，沙尘天气日数超过 100 天的有塔中和民丰，分别达 130 天和 161 天；另一个多发区位于内蒙古西部，沙尘天气日数一般为 15～20 天。

　　扬沙天气主要出现在我国西北地区中西部和东北部、内蒙古、华北北部、东北地区西南部等地（图 1.2）。扬沙天气也存在两个多发区，位置与沙尘天气基本相同，日数一般有 10～20 天，其中南疆盆地南部达 25～50 天。

　　沙尘暴天气出现的区域较扬沙明显缩小（图 1.3），主要分布在南疆盆地、青海西部和中部、内蒙古中西部和东南部，沙尘暴日数一般为 1～3 天，其中，南疆盆地部分地区和内蒙古西部局部地区超过 5 天，南疆盆地局部达 10～13 天。

　　强沙尘暴天气主要出现在南疆盆地、内蒙古中西部等地（图 1.4），日数一般为 1～2 天，南疆盆地东南部局部地区达 3～6 天。

图 1.1 2012 年沙尘天气日数图

图 1.2 2012 年扬沙天气日数图

图 1.3　2012 年沙尘暴天气日数图

图 1.4　2012 年强沙尘暴天气日数图

1.3 2012 年春季沙尘天气主要特点

2012 年春季沙尘天气过程次数（8 次）较常年（1981—2010 年）同期（17.2 次）明显偏少，与近 13 年（2000—2012 年）同期（11.9 次）相比仍然偏少，并具有范围偏小、强度偏弱、首发时间晚、强沙尘暴略偏多等特点。

（1）沙尘天气过程次数明显偏少

2012 年春季，我国共发生 8 次沙尘天气过程（表 1.1），其中扬沙天气过程出现 4 次，沙尘暴天气过程出现 2 次，强沙尘暴天气过程出现 2 次。沙尘天气过程总数与 2005 年和 2011 年并列为近 13 年（2000—2012 年）同期第 2 少年，次数明显偏少。沙尘暴天气过程数明显低于近 13 年同期平均值，为近 13 年同期第 2 少年，仅次于 2011 年，但强沙尘暴天气过程数较近 13 年同期平均值略偏多。

表 1.1 2000—2012 年春季我国沙尘天气过程统计

时间	扬沙 天气过程	沙尘暴 天气过程	强沙尘暴 天气过程	总沙尘 天气过程
2000 年	7	7	2	16
2001 年	5	10	3	18
2002 年	1	7	4	12
2003 年	5	2	0	7
2004 年	9	5	1	15
2005 年	5	2	1	8
2006 年	6	6	5	17
2007 年	5	8	1	14
2008 年	1	8	1	10
2009 年	2	5	0	7
2010 年	8	6	1	15
2011 年	5	1	2	8
2012 年	4	2	2	8
2000—2012 年平均	4.8	5.3	1.8	11.9
常年平均（1981—2010 年）	/	/	/	17.2

（2）沙尘天气范围偏小、频次偏少、强度偏弱

2012 年春季，全国出现沙尘和扬沙的总站数依次为 164 个和 121 个，分别较近 13 年平均值偏少 37％和 33％，出现沙尘暴和强沙尘暴的总站数为 45 个和 13 个，依次较近 13 年平均值偏少 34％和 52％，其中，沙尘暴和强沙尘暴出现的站

数与 2005 年并列为近 13 年同期最少（图 1.5），表明 2012 年春季全国出现沙尘天气的范围明显偏小。

图 1.5　2000－2012 年春季全国沙尘天气总站数逐年变化

　　2012 年春季全国累计出现的沙尘、扬沙总站日数较近 13 年同期平均值偏少 43％。沙尘暴和强沙尘暴总站日数分别为 89 站·天和 21 站·天（图 1.6），较近 13 年同期平均值偏少 49％和 57％。从全国春季平均沙尘日数来看（图 1.7），2012 年平均沙尘日数为 1.3 天，较常年（1981－2010 年）同期（4.0 天）偏少 2.7 天，比 2001－2010 年同期（2.7 天）偏少 1.4 天，为 1961 年以来历史同期最少。因此，2012 年春季沙尘天气频次偏少且强度偏弱。

图 1.6　2000－2012 年春季全国沙尘天气总站日数逐年变化

　　（3）首发时间明显偏晚

　　2012 年首次沙尘天气过程发生于 3 月 20 日，与近 13 年沙尘首发时间相比明显偏晚，且较近 13 年平均日期偏晚约 38 天，是 2000 年以来最晚的一年（表 1.2）。

表 1.2　2001 年以来历年沙尘天气最早发生时间

2000 年	2001 年	2002 年	2003 年	2004 年	2005 年	2006 年
1 月 1 日	1 月 1 日	2 月 9 日	1 月 20 日	2 月 3 日	2 月 21 日	3 月 9 日
2007 年	2008 年	2009 年	2010 年	2011 年	2012 年	平均
1 月 26 日	2 月 11 日	2 月 19 日	3 月 8 日	3 月 12 日	3 月 20 日	2 月 11 日

图 1.7　1961－2012 年春季全国平均沙尘（扬沙以上）日数历年变化

1.4　2012 年北京沙尘天气主要特点

2012 年北京观象台沙尘天气日数为 1 天，比常年平均（1981－2010 年，10.1 天）明显偏少。从全市来看，沙尘天气过程共有 7 次，其中 4 月 27－30 日连续 4 天出现浮尘天气，影响最为明显。此外，3 月 31 日全市有 7 个测站观测到浮尘或扬沙天气。

2012 年北京沙尘天气明显偏少，其主要原因是：

（1）春季降水偏多

在沙尘多发的春季，2012 年北京降水较多，接近 80 毫米，对抑制本地扬沙天气的发生非常有利。

（2）大风天气偏少

2011/2012 年冬、春季（2011 年 12 月至 2012 年 5 月），北京地区大风天气较常年平均（8.3 天）明显偏少，北京观象台只出现 1 个大风日。大风是沙尘天气发生的动力条件，冬、春季大风天气少，导致沙尘天气偏少。

2 2012 年沙尘天气气候背景及成因分析

　　导致 2012 年春季我国沙尘天气过程和沙尘日数均明显偏少有两个原因：一是同期我国内蒙古至蒙古国等沙源地大部地区降水偏多，下垫面抑沙条件较好；二是春季欧亚地区以纬向环流为主，冷空气活动偏北偏弱，起沙条件偏弱。

2.1　春季亚洲东部沙源区降水偏多，起沙条件偏差

　　2012 年春季，影响我国北方的主要沙源区中，蒙古国大部和我国内蒙古中西部大部降水较常年同期偏多（图 2.1），抑制了主要沙源区起沙，使得影响我国西北区东部和华北区的主要沙源区起沙条件较差，导致 2012 年春季我国北方沙尘天气偏少。

图 2.1　2012 年春季降水距平百分率（％）

2.2　北方冷空气活动弱、路径偏北偏东，动力输送条件偏弱

　　春季欧亚纬向环流指数时间序列（图 2.2）显示，20 世纪 90 年代中后期以来环流指数高于常年平均，表明欧亚中高纬度上空大气纬向环流占优势，这与沙尘天气进入偏少期一致。图 2.3 是 2012 年春季北半球 500hPa 位势高度距平场分布，极地外围中高纬地区有三个负距平中心，分别位于北美西北部、欧洲中北部和东亚北部，其中位于东亚北部的负距平中心最弱，且位置偏北、偏东，仅我国内蒙古东北部和东北地区北部局部区域受影响。另外，2012年春季低层位势高度距平场和风场距平场（图 2.4）反映出乌拉尔山上空位势高度场为负距平，其前部为南风异常，我国新疆北部和蒙古国东北部上空位势高度场负距平和气旋异常的范围小、强度弱，我国北方大部受偏南南风异常控制，沙尘动力输送条件弱。各区域温度等级指数距平演变（图 2.5）显示，2012 年春季我国华北、西北和新疆三个沙尘多发区的温度指数均为显著负距平，表明各沙尘多发区气温明显偏高，受冷空气的影响小。综上所述，2012年春季欧亚地区冷空气活动总体偏弱，且路径偏北、偏东，对我国北方大部区域的影响很小，导致沙尘天气少、影响范围小。

图 2.2 春季欧亚纬向环流指数变化

（虚线为多年平均值，高于常年值表示欧亚地区纬向环流占优）

图 2.3 2012 年春季北半球 500hPa 高度距平场（gpm）分布

图 2.4 2012 年春季 850hPa 位势高度距平（gpm）和风场距平场（m/s）分布

图 2.5 1961－2012 年春季华北区、西北区、新疆区温度等级指数距平演变
（正/负值表明偏冷/暖）

3　2012 年沙尘天气过程纪要表

编号	起止时间	过程类型	主要影响系统	扬沙和沙尘暴主要影响范围	风力
201201	3月20—22日	扬沙	冷锋	南疆盆地、甘肃西部、青海柴达木盆地、内蒙古西部的部分地区以及陕西北部、河北东南部、吉林西部等地的局部地区出现了扬沙，其中，南疆盆地和内蒙古西部的部分地区以及吉林西部、柴达木盆地局部出现了沙尘暴或强沙尘暴。	4～6级，局部地区7级
201202	3月28—30日	沙尘暴	冷锋蒙古气旋	内蒙古西部和东南部、甘肃西部、吉林西部、辽宁西部的部分地区以及南疆盆地、山西北部、河北西北部、河南北部等地的局部地区出现了扬沙，其中，内蒙古西部和东南部的部分地区以及吉林西部局部出现了沙尘暴。	5～6级，局部地区7级
201203	4月8日	扬沙	冷锋蒙古气旋	内蒙古东南部、吉林中东部、黑龙江西南部、辽宁西北部的部分地区以及南疆盆地、甘肃西部等地的局部地区出现了扬沙，其中吉林西部局部出现了沙尘暴。	4～5级，局部地区6级
201204	4月10—11日	强沙尘暴	冷锋	南疆盆地、内蒙古中西部、甘肃西部的部分地区以及辽宁中部、山西北部等地的局部地区出现了扬沙，其中，南疆盆地的部分地区以及内蒙古中西部局部出现了沙尘暴或强沙尘暴。	4～6级，局部地区7级
201205	4月18—19日	强沙尘暴	冷锋蒙古气旋	新疆东部和南部、内蒙古、甘肃西部、宁夏北部、吉林西部的部分地区以及辽宁西部、黑龙江西部等地的局部地区出现了扬沙，其中，内蒙古中西部的部分地区以及吉林西部局部出现了沙尘暴或强沙尘暴。	5～6级，部分地区7级

（续表）

编号	起止时间	过程类型	主要影响系统	扬沙和沙尘暴主要影响范围	风力
201206	4 月 26—28 日	沙尘暴	冷锋 蒙古气旋	南疆盆地、甘肃西部、宁夏北部、河北北部、辽宁西部和东部、吉林东部的部分地区以及陕西北部、山西中部、黑龙江东部、宁夏南部等地的局部地区出现了扬沙或浮尘，其中，内蒙古中西部的部分地区以及甘肃西部局部出现了沙尘暴或强沙尘暴。	5～6 级，部分地区 7～8 级
201207	5 月 11—12 日	扬沙	冷锋	南疆盆地、内蒙古中西部、陕西北部的部分地区以及甘肃西部、宁夏中部的局部地区出现了扬沙，其中，内蒙古中西部的部分地区以及陕西北部、南疆盆地局部出现了沙尘暴。	4～6 级，局部地区 7 级
201208	5 月 20—22 日	扬沙	冷锋 蒙古气旋	南疆盆地、内蒙古中西部、宁夏北部的部分地区以及新疆北部、甘肃西部等地的局部地区出现了扬沙，其中，内蒙古中西部、南疆盆地的部分地区出现了沙尘暴或强沙尘暴。	4～6 级，局部地区 7 级
201209	11 月 2—3 日	沙尘暴	冷锋	新疆南部、青海柴达木盆地以及甘肃、内蒙古、宁夏的局部地区出现了扬沙，其中，南疆盆地的部分地区以及柴达木盆地局部出现了沙尘暴或强沙尘暴。	4～5 级，部分地区 6～7 级
201210	11 月 27 日	扬沙	冷锋	内蒙古西部的部分地区以及山西北部的局部地区出现了扬沙，其中内蒙古西部局部出现了沙尘暴或强沙尘暴。	5～6 级，局部地区 7 级

4 2012 年逐月沙尘天气日数分布图

沙尘暴天气出现日数
2012年4月

图例（单位:天）
1～2
≥3

强沙尘暴天气出现日数
2012年4月

图例（单位:天）
≥1

5 2012 年沙尘天气过程图表

5.1 3 月 20－22 日扬沙天气过程

5.1.1 沙尘天气过程描述

起止时间	3 月 20－22 日
类　型	扬沙天气过程
最大风速（单位：m·s^{-1}）及出现地点	16 内蒙古：海力素
最小能见度（单位：km）及出现地点	0.1 新疆：若羌，且末
沙尘路径	偏西路径型
沙尘暴范围	南疆盆地、内蒙古西部的部分地区以及吉林西部、柴达木盆地的局部地区
强沙尘暴地点	新疆：若羌，民丰
影响系统	冷锋

5.1.2 沙尘天气范围图

5.1.3 2012 年 3 月 22 日 08 时 500 hPa 环流形势图

5.1.4 2012 年 3 月 22 日 14 时地面天气图

5.1.5　气象卫星监测图

5.2　3 月 28－30 日沙尘暴天气过程

5.2.1　沙尘天气过程描述

起止时间	3 月 28－30 日
类　　型	沙尘暴天气过程
最大风速（单位：m·s^{-1}）及出现地点	15 吉林：长岭
最小能见度（单位：km）及出现地点	0.6 吉林：长岭，双辽；内蒙古：通辽
沙尘路径	西北路径型
沙尘暴范围	内蒙古西部和东南部的部分地区 以及吉林西部的局部地区
强沙尘暴地点	/
影响系统	冷锋，蒙古气旋

5.2.2 沙尘天气范围图

5.2.3 2012 年 3 月 29 日 08 时 500 hPa 环流形势图

5.2.4　2012 年 3 月 29 日 14 时地面天气图

5.2.5　气象卫星监测图

5.3 4月8日扬沙天气过程

5.3.1 沙尘天气过程描述

起止时间	4月8日	
类　型	扬沙天气过程	
最大风速（单位：m·s⁻¹）及出现地点	12 吉林：通榆，磐石	
最小能见度（单位：km）及出现地点	0.5 吉林：通榆	
沙尘路径	局地型	
沙尘暴范围	吉林西部的局部地区	
强沙尘暴地点	/	
影响系统	冷锋，蒙古气旋	

5.3.2 沙尘天气范围图

沙尘天气范围图
4月8日

图例
浮尘
扬沙
沙尘暴

5.3.3　2012 年 4 月 8 日 08 时 500 hPa 环流形势图

5.3.4　2012 年 4 月 8 日 14 时地面天气图

5.3.5 气象卫星监测图

5.4 4月10－11日强沙尘暴天气过程

5.4.1 沙尘天气过程描述

起止时间	4月10－11日
类　型	强沙尘暴天气过程
最大风速（单位：m·s^{-1}）及出现地点	17 内蒙古：海力素
最小能见度（单位：km）及出现地点	0.1 新疆：且末
沙尘路径	偏北路径型
沙尘暴范围	南疆盆地的部分地区以及内蒙古中西部的局部地区
强沙尘暴地点	新疆：民丰，且末，若羌
影响系统	冷锋

5.4.2 沙尘天气范围图

5.4.3 2012 年 4 月 10 日 08 时 500 hPa 环流形势图

5.4.4 2012 年 4 月 10 日 20 时地面天气图

5.4.5 气象卫星监测图

5.5 4月18－19日强沙尘暴天气过程

5.5.1 沙尘天气过程描述

起止时间	4月18－19日
类　型	强沙尘暴天气过程
最大风速（单位：m·s⁻¹）及出现地点	19 内蒙古：二连浩特
最小能见度（单位：km）及出现地点	0.2 内蒙古：苏尼特左旗，锡林浩特，西乌珠穆沁旗
沙尘路径	西北路径型
沙尘暴范围	内蒙古中西部的部分地区以及吉林西部的局部地区
强沙尘暴地点	内蒙古：巴彦诺日公，那仁宝力格，二连浩特，苏尼特左旗，阿巴嘎旗，锡林浩特，西乌珠穆沁旗
影响系统	冷锋，蒙古气旋

5.5.2 沙尘天气范围图

5.5.3　2012 年 4 月 19 日 08 时 500 hPa 环流形势图

5.5.4　2012 年 4 月 19 日 14 时地面天气图

5.5.5 气象卫星监测图

5.6 4月26－28日沙尘暴天气过程

5.6.1 沙尘天气过程描述

起止时间	4月26－28日
类　型	沙尘暴天气过程
最大风速（单位：m·s⁻¹）及出现地点	19 内蒙古：西乌珠穆沁旗
最小能见度（单位：km）及出现地点	0.2 内蒙古：海力素
沙尘路径	西北路径型
沙尘暴范围	内蒙古中西部的部分地区以及 甘肃西部的局部地区
强沙尘暴地点	内蒙古：拐子湖，海力素，阿巴嘎旗
影响系统	冷锋，蒙古气旋

5.6.2 沙尘天气范围图

5.6.3 2012 年 4 月 27 日 08 时 500 hPa 环流形势图

5.6.4   2012 年 4 月 27 日 14 时地面天气图

5.6.5   气象卫星监测图

5.7　5 月 11—12 日扬沙天气过程

5.7.1　沙尘天气过程描述

起止时间	5 月 11—12 日
类　　型	扬沙天气过程
最大风速（单位：m·s⁻¹）及出现地点	15 内蒙古：吉兰泰，二连浩特，苏尼特左旗
最小能见度（单位：km）及出现地点	0.5 内蒙古：吉兰泰
沙尘路径	西北路径型
沙尘暴范围	内蒙古中西部的部分地区以及 陕西北部、南疆盆地的局部地区
强沙尘暴地点	/
影响系统	冷锋

5.7.2　沙尘天气范围图

沙尘天气范围图
5月11-12日

5.7.3 2012 年 5 月 11 日 20 时 500 hPa 环流形势图

5.7.4 2012 年 5 月 11 日 20 时地面天气图

5.8　5月20－22日扬沙天气过程

5.8.1　沙尘天气过程描述

起止时间	5月20－22日
类　型	扬沙天气过程
最大风速（单位：m·s⁻¹）及出现地点	17 内蒙古：二连浩特
最小能见度（单位：km）及出现地点	0.3 新疆：且末
沙尘路径	偏西路径型
沙尘暴范围	内蒙古中西部、南疆盆地的部分地区
强沙尘暴地点	新疆：且末
影响系统	冷锋，蒙古气旋

5.8.2　沙尘天气范围图

沙尘天气范围图
5月20-22日

图例
浮尘
扬沙
沙尘暴
强沙尘暴

5.8.3　2012 年 5 月 21 日 08 时 500 hPa 环流形势图

5.8.4　2012 年 5 月 21 日 14 时地面天气图

5.9 11月2－3日沙尘暴天气过程

5.9.1 沙尘天气过程描述

起止时间	11月2－3日
类 型	沙尘暴天气过程
最大风速（单位：m·s⁻¹）及出现地点	19 青海：冷湖
最小能见度（单位：km）及出现地点	0.1 青海：冷湖
沙尘路径	偏西路径型
沙尘暴范围	南疆盆地的部分地区以及青海柴达木盆地的局部地区
强沙尘暴地点	青海：冷湖；新疆：塔中，铁干里克
影响系统	冷锋

5.9.2 沙尘天气范围图

5.9.3 2012 年 11 月 2 日 08 时 500 hPa 环流形势图

5.9.4 2012 年 11 月 2 日 14 时地面天气图

5.9.5 气象卫星监测图

5.10 11 月 27 日扬沙天气过程

5.10.1 沙尘天气过程描述

起止时间	11 月 27 日
类　　型	扬沙天气过程
最大风速（单位：m·s⁻¹） 及出现地点	18 内蒙古：满都拉
最小能见度（单位：km） 及出现地点	0.4 内蒙古：海力素
沙尘路径	局地型
沙尘暴范围	内蒙古西部的局部地区
强沙尘暴地点	内蒙古：海力素
影响系统	冷锋

5.10.2　沙尘天气范围图

5.10.3　2012 年 11 月 27 日 08 时 500 hPa 环流形势图

5.10.4 2012 年 11 月 27 日 14 时地面天气图

5.10.5 气象卫星监测图